家有青少年

——智慧父母的情绪导航

主编

王艳娇　卢　瑾　马　芳

YNK 云南科技出版社

·昆明·

图书在版编目（CIP）数据

家有青少年 ： 智慧父母的情绪导航 / 王艳娇，卢瑾，
马芳主编. -- 昆明 ： 云南科技出版社，2025. 6.
ISBN 978-7-5587-6393-9

Ⅰ. B842.6；G782

中国国家版本馆 CIP 数据核字第 2025SV3981 号

——智慧父母的情绪导航

JIA YOU QINGSHAONIAN
—— ZHIHUI FUMU DE QINGXU DAOHANG

王艳娇　卢　瑾　马　芳　主编

出 版 人：温　翔
策　　划：胡凤丽
责任编辑：汤丽鋆
装帧设计：长策文化
责任校对：秦永红
责任印制：蒋丽芬

书　　号：ISBN 978-7-5587-6393-9
印　　刷：昆明亮彩印务有限公司
开　　本：889mm×1194mm　1/32
印　　张：5.75
字　　数：110 千字
版　　次：2025 年 6 月第 1 版
印　　次：2025 年 6 月第 1 次印刷
定　　价：58.00 元

出版发行：云南科技出版社
地　　址：昆明市环城西路 609 号
电　　话：0871-64120740

编委会

✸ 主编

王艳娇　昆明医科大学第一附属医院

卢　瑾　昆明医科大学第一附属医院

马　芳　昆明医科大学第一附属医院

✸ 副主编

王国燕　云南省第三人民医院

唐　莹　昆明医科大学第一附属医院

沈宗霖　昆明医科大学第一附属医院

✸ 编委

夏　雨　昆明医科大学第一附属医院

苏　旭　昆明医科大学第一附属医院

周　航　云南省传染病医院

伍　艺　昆明市第一人民医院

刘　羽　昆明医科大学第一附属医院

徐永超　浙江省人民医院毕节医院

胡秋兰　昆明医科大学第一附属医院

魏　维　　昆明医科大学第一附属医院

白阳娟　　昆明医科大学第一附属医院

丁　兰　　昆明医科大学第一附属医院

杨名钫　　昆明医科大学第一附属医院

杨润许　　昆明医科大学第一附属医院

姜林伶　　昆明医科大学第一附属医院

李　谦　　昆明医科大学第一附属医院

李　燕　　昆明医科大学第一附属医院

兰吉霞　　昆明医科大学第一附属医院

杨红莉　　云南大学附属医院

周　燕　　云南大学附属医院

李文昱　　昆明医科大学第一附属医院

蒋　涛　　昆明医科大学第一附属医院

王　娜　　昆明医科大学第一附属医院

陈　靓　　昆明医科大学第一附属医院

任丹丹　　昆明医科大学第一附属医院

李　敏　　昆明医科大学第一附属医院

林艳梅　　昆明医科大学第一附属医院

姜建芬　　昆明医科大学第一附属医院

何丽梅　　昆明医科大学第一附属医院

赵兴蓉　　昆明医科大学第一附属医院

✳ 插画绘制

唐婧源　　云南大学艺术与设计学院

目 录

CONTENTS

Chapter 1

第一章

情绪

无论是愉悦的还是痛苦的情绪体验，本质上都是帮助人们准确定位内心需求的"导航系统"。

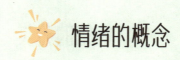

情绪的概念

情绪是人内在的心理反应系统，是认知层面上的主观体验。其本质是个体需求与外界环境互动的产物。从认知神经科学视角来看，情绪体验植根于大脑对客观刺激的价值评估——当现实情境与主体诉求产生偏差时，相应的情绪反应就会被激活。

这种机制是人类在进化过程中被赋予的适应性功能：积极的情绪如同神经奖赏信号，它激励人们重复同样的行为模式以获得更多愉悦体验；消极情绪则扮演预警角色，它可以促使个体重新审视未被满足的心理需求，纠正之前的行为模式。

现代情绪心理学强调，情绪没有好坏之分。无论是愉悦或痛苦的情绪体验，本质上都是帮助人们准确定位内心需求的"导航系统"。通过解码情绪背后的信息，人们得以更精准地把握自我的深层心理诉求。

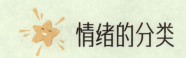# 情绪的分类

历经百年演进，情绪分类体系形成了多层次的理论架构。

科学家们将最基础的情绪分为六种：快乐、惊讶、愤怒、悲伤、恐惧、厌恶。这些原始情绪具有特定的面部表情和自主神经反应模式。

随着心理学的发展，情绪又被细分为快乐、惊奇、愤怒、悲伤、恐惧、厌恶、兴趣、羞涩、羞愧、蔑视、内疚、焦虑、抑郁、痛苦等。

现代情绪分类学将情绪划分为三大类别：

积极（正性）情绪：快乐、高兴、愉悦、满足等。

消极（负性）情绪：愤怒、悲伤、焦虑、抑郁等。

中性情绪：惊奇、平静等。

在人类的基本情绪中，负性情绪占大多数。负性情绪被积压或处理不当会影响个体和他人的心理健康。正确调整自己的情绪，就是让积极情绪战胜消极情绪，减少过多的负性情绪对身心的影响。

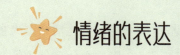 # 情绪的表达

美国心理学家阿尔伯特·梅拉宾（Albert Mehrabian）的经典研究发现：

情绪信息由55%的视觉信号（面部表情与体态语言）+38%的听觉信号（语音语调）+7%的语义内容构成。

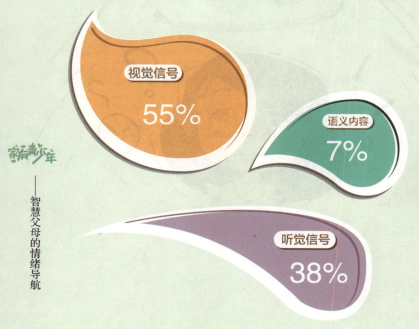

视觉信号 55%

语义内容 7%

听觉信号 38%

家有青少年
——智慧父母的情绪导航

视觉信号是识别他人情绪最主要的线索。面部表情（神色、脸色）由面部肌肉完成表达，如额眉平展、面颊上提、嘴角上翘意味着高兴，眉头紧锁往往代表愤怒。体态语言包含肢体动作和姿势变化，如人在痛苦时捶胸顿足、愤怒时摩拳擦掌、焦虑时坐立不安等。

　　听觉信号主要是指语音、语调，即人们通过改变声调、声强和语速等来表达情绪，如高兴时语调高昂，语速较快；痛苦时语调低沉，语速缓慢；愤怒时声强变高。

　　93% 的情绪信息是通过非语言方式（视觉信号＋听觉信号）传递的，具体语义只能传递**7% 的信息**。也就是说，与人交流时，语气、肢体语言和面部表情比实际所说的内容更能传达情绪信息。

父母在和孩子沟通的时候，为了保证沟通的效果，除了要注意所说的内容，还要控制好自己的语调、姿态和表情。

✳ 正性情绪带来的躯体变化

正性情绪主要包括喜悦、感激、自信、幽默等。当出现正性情绪时，人会心跳加快，嘴角上扬；声音通常会变得柔和、温暖且富有感染力，语调轻松，语速可加快；还可能笑语连连、手舞足蹈。

第一章 情绪

负性情绪带来的躯体变化

焦虑：心慌、想上厕所、搓手顿足、来回走动，以及无目的小动作增多。

愤怒：心率和血压升高、呼吸加快、体温升高、肌肉紧张（如双手紧握或咬紧牙关）、手心出汗、面部潮红，还可能抓狂和大喊大叫。

沮丧：缺乏活力、行事犹豫不决、畏首畏尾、倦怠、没精打采。

悲伤：哭泣、目光呆滞、倦怠、咬嘴唇、揉鼻子、用力捂住自己的口鼻、抠指甲，还可能失眠、做噩梦。长时间哭泣可导致乏力、面色晦暗。

恐惧：呼吸急促、心跳加快、出冷汗、面色发白、手足发抖等表现。

痛苦：食欲下降、血压升高、呼吸困难、眉头紧锁、嘴角下垂、脸色苍白等表现。

厌恶：皱眉、不耐烦、皮笑肉不笑、烦躁，甚至刻意地保持距离。

第一章 情绪

中性情绪带来的躯体变化

惊讶：心跳加快、血压升高、呼吸急促、肌肉紧张、眼睛睁大、嘴巴不由自主地张大。

平静：表情柔和、身体放松、动作缓慢、脉搏和呼吸平稳。

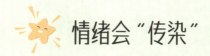# 情绪会"传染"

　　"情绪传染"的概念最早是由美国心理学家詹姆斯·马克·鲍德温（James Mark Baldwin）在其著作《心理发展的社会和伦理注释》（*Social and Ethical Interpretations in Mental Development*）中提出。1993年，美国心理学家伊莱恩·哈特菲尔德（Elaine Hatfield）等研究者们发现，"情绪传染"是一种由他人情绪引起并与他人情绪相匹配的情绪体验，并将情绪传染划分为"原始性情绪传染"和"意识性情绪传染"。

　　"情绪传染"的过程往往是快速且无意识的，人们可能在完全没有觉察的情况下就受到了他人情绪的影响，在不知不觉中复制了他人的面部表情、声音、姿势和动作，进而感受到相似的情绪状态。

孩子的情绪可以传染给父母。当看到孩子甜美的笑容时，母亲会不自觉地唇角上扬；当看到孩子悲伤皱眉时，父母也会有类似的表情。同样地，父母的情绪也会影响孩子。父母的焦虑或愤怒会引发孩子的紧张不安，父母的冷漠和愤怒也会影响家庭氛围，使家庭内部的情感环境越来越压抑。

Chapter 2

第二章

负性情绪影响家庭功能

　　负性情绪对家庭功能的影响远比表面看起来更加深刻。它不仅会造成家庭关系中的即时冲突，还会在长时间内对家庭的情感结构、沟通方式、行为模式等产生深远的影响。

沟通

问题解决

角色分配

情感反应

行为控制

情感介入

家庭功能

负性情绪不利于解决问题

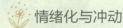 ## 情绪化与冲动

在负性情绪的作用下，家庭成员常常难以冷静、理性地处理问题。愤怒、焦虑、抑郁等负面情绪会削弱家庭成员的认知功能，导致大家在问题解决过程中情绪化反应过度。

例如，在遭受压力或遇到问题时，愤怒的情绪会让家庭成员忽视理智地讨论，转而通过发泄情绪的方式处理问题，这往往会加剧矛盾，而不是解决问题。

沉默和回避

如果长期处于负性情绪（如无助或焦虑）中，面对问题可能会选择回避而不是主动解决。负性情绪会使家庭成员失去面对挑战的信心，甚至认为自己无法改变现状，导致问题越积越多。

例如，当夫妻关系出现矛盾时，一方可能因为情绪低落而选择不去正视问题，任由关系恶化。长期来看，这种行为会使家庭问题无法得到解决，最终甚至可能导致关系破裂的悲剧。

过度控制与不平衡

负性情绪还可能导致家庭中某些成员试图通过过度控制其他成员来解决问题。

例如，父母可能因为焦虑而过度控制孩子的行为，以此来缓解内心的不安全感。这样做的结果往往是，问题非但没有得到解决，反而增加了家庭内部的紧张感和矛盾。

第二章　负性情绪影响家庭功能

负性情绪影响沟通

造成沟通障碍与误解

负性情绪会给家庭沟通带来障碍并造成误解。愤怒、怨恨、焦虑等负面情绪会使人们在沟通中产生防御心理，不愿意倾听他人的想法或拒绝理解对方的观点。处于负性情绪中的人倾向于夸大或曲解他人的言行，使沟通的信息失真。

例如，当父母情绪低落时，孩子的正常抱怨可能被父母解读为不满或不尊重，导致父母反应过激。

产生情感封闭与隔阂

负性情绪会使家庭成员在沟通中逐渐封闭自己的情感。长期处于沮丧或失望的状态下，家庭成员可能会选择自我封闭，不愿意再与其他成员分享自己的感受。这种情感封闭不仅使沟通内容变得肤浅，还会加剧家庭成员之间的隔阂，导致彼此逐渐疏远。

例如，夫妻中的一方因抑郁情绪不愿与另一方沟通，久而久之，这种缺乏情感交流的状态会导致家庭成员之间变得冷漠。

攻击性沟通

负性情绪还会导致家庭成员采取攻击性沟通方式。当家庭成员处于愤怒或怨恨的情绪中时，他们更倾向于使用责备、批评，甚至侮辱性的语言进行沟通。这种沟通方式会迅速加剧冲突，使家庭成员之间的关系更加紧张。

例如，父母因工作压力大而情绪失控时，可能会用言语伤害孩子，导致孩子的自尊心受挫，家庭的沟通渠道也会因此进一步堵塞。

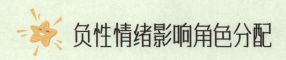

负性情绪影响角色分配

角色失衡与责任转移

在负性情绪的影响下，家庭成员在角色分配上可能会出现失衡现象。一些家庭成员可能因为消极情绪而无法履行自己应承担的责任，将家庭中的任务和压力转移到其他成员身上。

例如，情绪低落的父母可能会在家庭中减少对孩子的关注和照顾，甚至将部分育儿责任转嫁给孩子的祖父母或其他家庭成员，导致家庭中的角色责任混乱。

权威角色滥用权力

负性情绪还可能使家庭中的权威角色滥用权力，导致其他成员被动接受不合理的分配。

例如，当家庭中的权威成员（如父母或长辈）因为情绪波动而表现出过度的控制欲时，他们可能会试图通过施加压力或情感勒索来维持自己在家庭中的地位。这种情况会导致其他家庭成员的压抑感和无力感。长此以往，可能会引发反抗或疏离，破坏家庭的凝聚力。

负性情绪影响家庭行为控制

 行为失控与冲突升级

负性情绪会严重破坏家庭成员对行为的控制能力。当家庭成员受到负性情绪的影响时，他们的耐心和理智往往会被压抑，取而代之的是冲动和情绪化的反应。

例如，父母在愤怒时可能会对孩子的调皮行为做出过度的惩罚，甚至是暴力行为。这种行为失控不仅不利于问题的解决，还会导致家庭成员之间的冲突升级，破坏家庭的和谐。

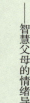

情绪化执行规则

负性情绪还会导致家庭成员在规则执行上表现出情绪化。

例如，父母在焦虑或压力过大时，可能会过分严格执行家庭规则，而在情绪平稳时则放松对规则的要求。这种情绪化的行为控制模式会让家庭成员，特别是孩子，感到困惑和不安，甚至对规则失去信任和敬畏，导致规则的效力减弱。

回避责任

负性情绪还可能导致家庭成员在行为控制中表现出回避或推卸责任的倾向。抑郁、无助等负面情绪会使一些成员失去对行为管理的积极性。

例如，父母可能因为长期的情绪低落而无法有效监督和管理孩子的行为，导致家庭规则形同虚设。这样的家庭环境容易让孩子形成自由散漫的做事风格，削弱家庭行为控制的有效性。

消极行为的恶性循环

负性情绪不仅会直接影响行为控制，还会引发家庭成员之间的消极行为循环。

例如，因为情绪爆发，家庭成员可能会对其他成员采取过激的行为控制措施，如言语攻击或身体惩罚。这种负面的行为会导致其他成员产生抵触情绪，以消极行为回应，从而形成恶性循环。这种循环会持续破坏家庭的行为控制，导致冲突频发，家庭关系变得紧张和脆弱。

负性情绪影响情感介入

　　家庭情感介入涉及家庭成员之间的情感交流和支持，是维持家庭和谐的重要手段。负性情绪，如愤怒、焦虑、抑郁等，对家庭情感介入的影响深远且复杂。它不仅破坏了家庭成员之间的情感联系，还可能导致家庭关系的紧张和疏离。

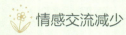 情感交流减少

负性情绪往往导致家庭成员之间的情感交流减少。这种情感交流的减少削弱了家庭成员之间的联系，让成员之间变得冷漠和疏离。

例如，父母在情绪低落或愤怒时可能不愿意与其他家庭成员分享自己的感受，也无力满足其他家庭成员的情感需求。孩子可能因为感受到紧张的氛围而不愿主动表达自己的情感需求。

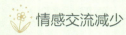 支持系统被破坏

家庭情感介入的核心在于家庭成员之间相互支持和关爱。然而，负性情绪使家庭成员的情感支持系统受到破坏。

例如，父母在压力或抑郁情绪的影响下，可能无法提供足够的情感支持和鼓励，这使得孩子在面临挑战和困境时感到孤立无援。缺乏支持的家庭环境使成员之间的信任和依赖感逐渐减弱。

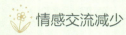 亲子关系变得紧张

负性情绪还会导致亲子关系紧张。这种紧张关系进

一步加剧了家庭成员之间的情感冲突，使得情感介入变得更加困难。

例如，当父母处于负性情绪中时，他们可能对孩子表现出不耐烦的态度，总是批评孩子。孩子在这种环境中会感到被忽视或误解，导致亲子关系的破裂。

情感支持不稳定

负性情绪会使家庭中的情感支持变得不稳定。家庭成员可能会因为情绪波动而提供不一致的支持。

例如，父母可能在某一时刻对孩子表现出过度的关心，而在孩子情绪低落时却完全忽视了他们的情感需求。这种情感支持的不稳定性让家庭成员之间无法建立稳定的情感依赖，影响家庭的情感介入功能。

家庭凝聚力下降

长期的负性情绪会降低家庭的凝聚力。家庭成员在负性情绪的影响下，可能更加专注于自身的情绪问题，忽视了对家庭其他成员的关心和支持。这种以自我为中心的情感处理方式使家庭的凝聚力下降，家庭成员之间的联系被逐渐削弱，家庭功能的整体性受到损害。

负性情绪让情感共鸣丧失

在负性情绪的影响下，家庭成员的情感共鸣能力会逐渐丧失。当一个人长时间处于愤怒或失望中时，对他人的情绪反应会变得迟钝甚至冷漠，难以与他人建立情感上的联系。

例如，长期处于抑郁状态的家庭成员可能对孩子或配偶的情感需求变得麻木，无法给予他们应有的支持和关怀。这种情感上的冷漠会导致家庭成员之间关系的进一步疏远。

第二章　负性情绪影响家庭功能

深入分析"坏"情绪（负性情绪）对家庭功能的影响可以帮助我们更好地了解其破坏性，并找到解决之道。

Chapter 3

第三章

负性情绪影响身心健康

情绪是人类心理活动的重要组成部分，尤其在家庭环境中，情绪的表现和管理直接影响到每个成员的心理健康。负性情绪不仅会对个体产生消极影响，还会通过情感互动影响整个家庭的心理健康。

负性情绪对父母心理健康的影响

父母的心理健康不仅影响自身的生活质量，也在很大程度上决定着家庭的和谐与稳定。负性情绪如果得不到及时的处理，会对父母的心理状态产生深远的负面影响。

增加压力与焦虑

负性情绪常常带来巨大的心理压力。父母在应对工作、家庭、经济等各方面挑战时，难免出现负性情绪。如果长期处于焦虑、紧张的情绪中，父母会感到压力倍增，难以专注于解决问题。这种持续的高压力状态容易引发焦虑症，使父母进一步陷入恶性循环。

引发抑郁情绪

当父母长期经历负性情绪时，抑郁症状可能会逐渐显现。持续的负性情绪会让父母精力枯竭、对生活中的事物都失去兴趣，在严重情况下甚至会产生无助感和绝望情绪。抑郁的父母往往会对生活中的责任感到不堪重负，从而影响他们的日常生活和对家庭责任的履行。

 ### 削弱情感调节能力

负性情绪会使父母的情感调节能力逐渐减弱。父母在负面情绪的影响下，往往难以平衡自己的情绪与家庭需求。情感上的失控或压抑会导致无法正确表达自己的情感需求，进而影响与其他家庭成员的情感交流。

 ### 影响决策能力

负性情绪不仅会对父母的情绪调节能力造成影响，还会干扰决策能力。焦虑和压力让父母在面对家庭和生活中的重要决策时，变得优柔寡断或冲动行事。这种决策上的失误不仅影响家庭和个人的生活质量，还可能加剧父母的焦虑情绪，形成恶性循环。

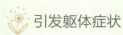

引发躯体症状

心理健康和生理健康密切相关。负性情绪对父母的心理压力常常会转化为躯体症状，如头痛、失眠、胃部不适等。长期的负面情绪累积可能导致父母的身体健康逐渐恶化，进一步影响心理状态，形成"心理—生理"的恶性循环。

第三章 负性情绪影响身心健康

负性情绪对孩子心理健康的影响

在生长发育过程中，孩子的心理极其敏感，尤其容易受到家庭中负性情绪的影响。负性情绪不仅影响孩子的情感表达和行为模式，还可能对他们的心理健康造成深远的负面影响。

 引发情绪问题

家庭中的负性情绪，尤其是父母的负性情绪，会直接引发孩子的情绪问题。孩子的情绪容易受到家庭氛围的感染。长时间处于紧张、压抑或冲突环境中，孩子会表现出焦虑、易怒、情绪不稳定等问题。这种情绪不稳定不仅影响日常生活，还会对孩子未来的情感调节能力造成长期影响。

🌼 影响学业表现

负性情绪影响孩子的学习能力。当孩子沉浸在负性情绪中，他们的注意力会不由自主地被分散，难以专注于学习任务。除了学习能力，孩子的记忆力也会受影响。负面情绪让知识的存储和提取变得困难。这不仅会直接影响孩子的学业表现，还会波及他们的思维能力与创造力，甚至让孩子产生厌学情绪。在负性情绪的笼罩下，孩子的思维会逐渐变得狭窄和僵化，缺乏灵活性与开放性。长此以往，他们在解决问题和应对挑战时就会显得力不从心，难以充分发挥自身的潜力。

同时，负性情绪也会极大地影响孩子的学习动力，对学习的意义和价值产生怀疑。在这种情况下，他们往往拒绝设定学习目标，失去实现学习目标的热情，进而缺乏对未来的规划和憧憬。这一系列连锁反应最终会影响孩子学习的努力程度，使他们的学习兴趣和积极性大幅降低。孩子会因此失去学习的动力和乐趣，变得不愿意主动学习，对学习采取消极和回避的态度。这种状态若持续下去，不仅会影响孩子当下的学业成绩，还可能对他们的未来发展造成负面影响。

负性情绪对孩子行为的影响

负性情绪会让孩子表现出诸多行为问题。受到负性情绪影响的孩子，往往通过不当的行为来发泄他们的情绪。

 出现攻击性行为

负性情绪可能导致孩子出现攻击性行为，如自我伤害或者伤害他人。攻击性行为会让孩子陷入内疚和悔恨，而不良的心理状态会刺激孩子重复攻击性行为。攻击性行为还会导致孩子在学校中遭受纪律处分，影响他们的学业表现和与老师的关系。长期下去，孩子可能遭遇严重的社交障碍，使孩子在未来的工作和生活中面临更多的困难和阻碍。重复攻击性行为的情况如果不加以纠正和干预，成年后可能演变为暴力倾向，对个人和社会造成更大的危害。

家有青少年
——智慧父母的情绪导航

网络成瘾

　　沉溺于虚拟世界可以帮助自己逃避负性情绪，这就导致很多孩子网络成瘾，无法自拔。然而，这会导致孩子在现实生活中的社交技能下降，无法与同龄人建立真实的联系，无法适应现实生活中的人际互动，出现孤立感和社交疏离（主动或被动减少社交活动，产生情感隔阂，人际关系淡化），形成恶性循环。沉迷于网络也让孩子忽视学业和其他兴趣，导致学业成绩下降，这又会进一步加剧孩子与父母之间的矛盾，影响亲子关系。网络成瘾使孩子接触到不良信息，由于缺乏分辨能力，孩子价值观的塑造容易受到影响，形成不健康的生活方式和思维模式。

 自我封闭

　　当受到负性情绪的滋扰时，孩子会因为"不想给别人带去负能量""说了他们也不理解，也不能帮助我，还会排挤、嘲笑我"等原因，而选择将这些负面能量"憋"在心中，不与他人倾诉自己的境遇。这会让他们无法获得他人的理解、必要的情感支持和社会互动。

负性情绪对家庭氛围的影响

负性情绪不仅会影响父母和孩子的心理健康，还会通过家庭关系的互动，对整个家庭的氛围造成系统性破坏。

破坏家庭情感氛围

负性情绪会破坏家庭的情感氛围，使家庭成员之间的沟通与交流变得紧张和压抑。当家庭内部充满负面情绪时，父母和孩子之间的情感支持会减少，彼此之间的信任感和安全感也会随之下降。家不再是成员心灵的避风港，反而成为产生压力和冲突的源头。

加剧家庭内部冲突

负性情绪容易引发家庭内部的冲突，尤其是当情绪长期得不到有效处理时，家庭成员间的矛盾会逐渐积累，家庭成员之间会出现攻击性行为和言语，导致关系破裂。

父母之间的争吵、父母与孩子之间的对抗性行为等，都会使家庭内部的紧张氛围升级，影响整个家庭的健康。

削弱心理支持系统

家庭原本是一个重要的心理支持系统，但负性情绪会削弱家庭成员之间的互助能力。如果父母或孩子长期遭受负性情绪的影响，他们可能对彼此的情感需求漠不关心，或者因为情绪问题而"自顾不暇"，无法给予支持。这个本应提供安全感的心理环境反而演变为负担，家庭成员无法从中获得应有的情感支持。

增加心理疾病风险

负性情绪的长期积累会显著增加家庭成员患上心理疾病的风险。父母的情绪问题会影响孩子的心理发展，孩子的情绪失调反过来也会让父母的心理压力倍增。整个家庭处于负面情绪导致的恶性循环中，家庭成员患心理疾病（如焦虑症、抑郁症等）的风险大大增加。

负性情绪不仅影响家庭内部成员之间的情感交流，还会影响家庭的日常功能运作。家庭成员在负性情绪的干扰下，难以有效履行各自的责任，父母无法管理家庭事务，孩子难以遵守家庭规则，家庭功能的正常运作受到严重干扰。家庭失去应有的稳定性与秩序感，家庭成员的心理健康也随之恶化。

负性情绪的传递与代际效应

家庭中的负性情绪常常具有传递性，尤其在父母与孩子之间。这种情绪传递会跨越代际，对家庭长期的心理健康产生深远影响。

情绪的传递模式

父母的负性情绪会通过日常的情感互动传递给孩子。作为敏感的情绪接收者，孩子容易从父母的情绪中感受到压力和焦虑，这种情绪传递会在无形中影响他们的心理状态和情感模式。

负性情绪的复制

负性情绪在代际之间具有复制效应。父母长期处于负面情绪中，孩子在成长过程中会学习并模仿这种应对情绪的方式，形成相似的情绪处理模式。长大后，孩子可能会重复父母的情绪模式，将负性情绪带入自己的生活，影响其未来的心理健康和家庭关系。

情感疏离的代际延续

家庭中的负性情绪不仅影响当代的亲子关系，还会导致情感疏离在代际之间延续。孩子在情感上未得到父母的关爱与支持，长大后可能无法有效地与自己的孩子建立健康的情感连接，情感冷漠与疏离在家庭中代代相传。

 ### 代际间的心理疾病传递

负性情绪不仅影响个体的心理健康，还可能通过基因和环境的相互作用，在代际之间传递心理疾病的风险。父母的情绪问题可能增加孩子患抑郁症、焦虑症等心理疾病的概率，形成代际间的心理疾病风险链条。

 ### 影响未来家庭的稳定性

孩子在负性情绪影响下成长，可能难以发展出健康的情感处理能力，进而影响其未来的家庭关系。情感调节能力差的个体在组建自己的家庭后，可能重蹈父母的覆辙，将负性情绪带入自己组建的家庭中，影响婚姻质量和亲子关系，破坏下一代的身心健康。

Chapter 4

第四章

负性情绪影响社会功能

因孩子的负性情绪，父母不可避免地担忧焦虑，压力倍增；而父母的负性情绪也无疑会给孩子的心理造成不良影响。

孩子的负性情绪对父母社会功能的影响

 ## 工作效率下降

　　孩子的负性情绪影响父母的工作效率。当孩子被负性情绪困扰时，父母难免忧虑孩子的状况，在工作时难以集中精力，担忧孩子的情绪是否稳定、在学校是否适应等问题。这种分心的状态会极大地降低工作效率。同时，孩子的负性情绪还会促使父母花费大量的时间去与老师、医生等进行沟通交流，从老师那里了解孩子在学校的表现，与医生探讨如何帮助孩子缓解负性情绪等。这些沟通交流往往需要耗费大量的时间和精力，父母难以按照既定的计划推进工作，进而影响工作进度。

🌼 影响职业发展

长期处于孩子的负性情绪带来的心理压力之下，父母感到疲惫和焦虑，难以全身心地投入工作中，对工作的热情也会逐渐减退。父母很可能在工作中逐渐失去积极性和创造力。缺乏积极性的工作状态会使他们在面对任务时缺乏动力和进取心，而创造力的缺失则会限制他们在工作中的创新能力和解决问题的能力，进而对职业发展产生影响。

同时，父母要照顾有负性情绪的孩子而不得不减少加班、出差或参与重要项目的机会。为了陪伴孩子共同渡过情绪难关，父母可能会选择放弃一些能够提升自己职业发展的机会。长此以往，父母的职业发展必定受到影响。

🌼 社交

孩子的负性情绪会影响父母的社交活动和人际关系。当父母被孩子的负性情绪所困扰时，他们的内心往往处于一种不安的状态，充斥着压力与焦虑。这种状态会极大地影响他们在与他人交往时的情绪表现。

此外，因为担心孩子的状态，父母不得不减少参加聚会等社交活动的次数。因为觉得自己应该陪伴在孩子身边，或者忙于解决孩子的问题，父母无暇顾及社交生活。

父母的负性情绪对孩子社会功能的影响

亲子关系不佳

孩子需要父母的情感支持和关爱，而负性情绪会降低孩子对父母的亲近感，会让他们与父母在情感上产生疏离感，甚至对父母产生敌意，无法积极向父母寻求支持。亲子之间的互动频次明显减少，双方之间的情感连接也随之变得薄弱。在经历外界压力事件时，处于负性情绪状态下的孩子，通常会变得不愿意主动与父母进行交流，也不愿意分享自己内心的感受和经历。

孩子的负性情绪会增加亲子冲突发生的可能性。当孩子深陷负性情绪的体验当中时，他们的内心会更加敏感和脆弱，面对父母的要求和教导会更容易产生反抗心理。在这种情况下，孩子可能会因为一些小事就与父母发生激烈的争吵和冲突。这些冲突不仅会给孩子和父母带来情感上的伤害，还会对家庭氛围造成严重的破坏。家庭和谐是孩子健康成长的重要环境因素，而频繁的亲子冲突会破坏这种和谐。在一个充满紧张和矛盾的家庭环境中成长无疑会给孩子的心理和情感发展带来诸多不利影响。

影响同伴关系

被负性情绪长期折磨的孩子容易出现社交回避（social avoidance）、社交恐惧症（social phobia）。因为负性情绪的影响，孩子难以适应学校中的社交场合。在面对社交场合时，孩子表现出明显而持久的焦虑、恐惧情绪和逃避行为，担心被他人注视、害怕出错和受到负面评价。

当孩子体验到负性情绪，如焦虑、抑郁、愤怒等时，往往更容易陷入消极的自我关注中。这种状态会使个体的注意力集中在自身的问题和不足上，导致孩子出现社交恐惧症状。这样的孩子难以适应学校中的各类社交场合，例如与同龄人交谈时，他们会感到紧张不安；参与小组讨论时，可能会因为害怕表达错误的观点而选择沉默；进行课堂发言时，担忧、害怕自己达不到外界的标准等。因为恐惧自己在与他人的社交、互动中犯错，孩子往往选择逃避社交，将之作为保护自己的策略。

虽然短期内的社交逃避可以在一定程度上减轻社交带来的痛苦，成为帮助孩子回避社交行为的"盾牌"，但长期的社交恐惧，可能会使孩子遭受更多忽视、拒绝和嘲笑，这些情况都可能加剧和延续社交恐惧症状，影响孩子社交技能的发展，进一步加重社交恐惧症状和负面情绪，形成恶性循环。

环境适应能力

负性情绪可能使孩子在面对新环境时感到恐惧和不安，压力和焦虑感让孩子难以适应新环境，出现退缩或自闭倾向。

在学校，孩子可能因为担心无法融入新班级、适应新老师的教学风格而倍感压力；在家庭中，家庭动态可能会让他们焦虑不安，不知如何应对；在社交场合，陌生的人际关系和社交规则会使他们陷入紧张焦虑之中。这些不断累积的压力和焦虑感会对孩子的生活质量产生极大的影响。同时，这种不适应新环境的状态也会限制孩子的发展，让孩子错失进步的良机。因为对新环境心生恐惧，他们可能会错过学习新技能、结交新朋友、拓宽视野的机会，从而在成长的道路上逐渐落后于那些能够勇敢面对新环境所带来挑战的同龄人。总之，孩子对新环境难以适应的状态，无论是在短期还是长期内，都可能给他们带来诸多不利影响。

应对挫折的能力

负性情绪可使孩子在面对挫折和困难时感到无助和绝望，缺乏应对挫折的勇气和能力，不知该如何前行，容易出现放弃或逃避行为。

长期处于负性情绪中将会对孩子的心理健康产生极为严重的影响。一开始，孩子可能只是在负性情绪的体验中感到痛苦和困扰。但随着时间的推移，这种负性情绪如果得不到有效的缓解和疏导，就很有可能引发一系列心理问题。这些心理问题不仅会影响孩子的心理健康，还会对他们的成长和发展造成巨大的阻碍。

家有青少年
——智慧父母的情绪导航

Chapter 5

第五章

负性情绪导致自伤

　　自伤是指在没有明确自杀意图的情况下，个体故意、重复地改变或伤害自己的身体组织。这种行为虽不致死，但极具危险性。自伤已成为现阶段全球公认的影响青少年身心健康的问题之一。

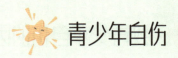 # 青少年自伤

　　青少年时期是一个以重大的社会心理和神经生物学变化为标志的时期，青少年易受遗传、生物学、心理、社会等因素的影响，再加之青少年的生理、心理水平处于发展不平衡状态，极易发生自伤行为。青少年自伤行为通常是在私底下进行的。多数人在13岁的时候开始出现自伤行为，在15岁时达到高峰，成年后逐渐缓解，但有一部分青少年的自伤行为会延伸至成年甚至终身。

致青少年自伤的因素

青少年自伤是各种因素综合的结果，其中以精神障碍最为常见。

个人因素：抑郁、焦虑、自卑、绝望、冲动、饮食失调、吸毒或酗酒、同性恋／双性恋等。

家庭因素：父母关系不佳、家庭滥用药物／酒精、不切实际的期望、父母与孩子之间的冲突、过度的惩罚或限制、虐待、忽视等。

社会因素：①学校压力：学习压力、人际关系差、校园欺凌、老师言语攻击等。②社会环境：游戏成瘾、网络成瘾、媒体和互联网的影响、区域社会风气、同伴排斥、有自伤的朋友等。

疾病因素：疾病共病、既往精神疾病史、精神疾病症状驱使、药物依赖。

青春期的特点

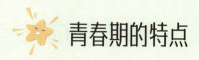

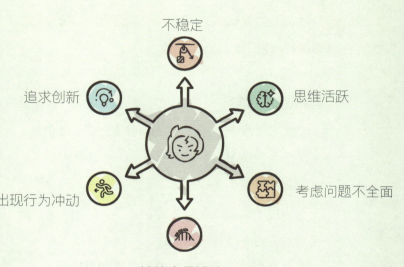

不稳定

思维活跃

追求创新

考虑问题不全面

易出现行为冲动

情绪容易波动

57

青少年自伤的信号

 注意：如果出现以下信号，就不能简单归结为青春期的问题了！

容易识别的信号

· 睡眠习惯改变（失眠、早醒、睡眠过多、睡倒觉）。

· 缺乏食欲或暴食。

· 对日常娱乐失去兴趣。

· 做事提不起劲或没有兴趣。

· 突然变得平静或愉快。

· 在社交媒体上谈论或发表想自杀或想死的言论。

· 感到绝望或陷入困境。

· 收集尖锐物品或其他可用于自伤的物品。

· 孤立自己，远离朋友，社交圈变窄。

· 在网上搜索自伤的方法。

· 注意力不集中和／或学习成绩下降。

不容易识别的信号

· 非常了解自伤的方法。

· 身上有不明伤痕。

· 身上或衣服上有血迹。

· 神神秘秘的行为。

· 戴宽腕带且不愿意摘下。

· 总是避免露出四肢等。

· 长时间独处，拒绝与外界接触。

· 突然开始自己洗衣服。

· 以见面或打电话的方式告别，并赠送珍贵的物品。

第五章　负性情绪导致自伤

青少年自伤的行为

- 用尖锐物品（如碎玻璃、小刀）等划伤自己。
- 戳开伤口、阻止伤口愈合。
- 用烟头、打火机或其他东西烧／烫自己。
- 把东西刺入皮肤或插进指甲下。
- 用头撞击某物，以致出现瘀伤。
- 拔自己的头发。
- 用手捶墙或玻璃等较硬的物体。
- 乱抓皮肤，以致出现伤痕或者流血。
- 捶打自己以致出现瘀伤。
- 喝酒、滥用药物等。
- 有轻生的意图或行为。

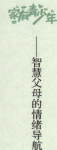

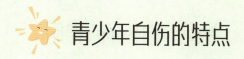# 青少年自伤的特点

·有较高的重复性，自伤成为部分孩子的高度成瘾行为。

·自伤行为发生前往往经历了较为激烈的情绪困境（校园欺凌、亲子关系不佳等）。

·自伤后往往伴随放松、满足与麻木感。

·自伤后会出现解离性状态，他们并未意识到自己正在伤害自己。

·持有较为矛盾的态度，在自伤后会极力掩盖伤疤，尽可能清除自伤的痕迹。

第五章　负性情绪导致自伤

自伤的"作用"

- 通过身体疼痛感来缓解负性情绪。
- 逃避眼前困境的方法。
- 试图通过自伤来惩罚自己或他人。
- 以引起他人的注意。
- 表达内心的挣扎与痛苦，是一种求助信号。
- 追求新奇刺激、模仿同龄人。
- 可能有自杀企图。

"当血渗出，我感觉情绪会被释放一些。"

"我也不知道为什么，一难过就很想这么做。"

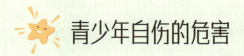# 青少年自伤的危害

　　重复自伤。有精神障碍的青少年自伤发生率为 40% ～ 80%，在有自伤行为的人中，约有 1/10 的人在初次自伤后的 5 天内再次发生自伤行为。

　　生活质量降低。自伤进一步导致学习成绩下滑、人际关系疏远、治疗依从性变差等，甚至有自杀的倾向。

　　有自伤史的青少年人群中，至少 70% 的人有过 1 次自杀未遂的经历，55% 的人有过多次自杀未遂的经历。有自伤行为的人在首次发生自伤后的 12 个月内死于自杀的可能性比没有自伤行为的人高 50 ～ 100 倍。

✦ 父母自伤

　　在青少年的成长过程中，父母作为其主要照顾者，不仅面临经济、工作、社会压力等问题，还承担着养育孩子的重要责任。

　　日常生活中，父母与孩子的情绪会相互影响。孩子对父母表现出愤怒、悲伤等负性情绪，也会刺激父母表现出同样的情绪。特别是在长期照顾生病的孩子时，父母不仅要完成日常照管，还要承担疾病带来的额外负担，如管理药物、处理孩子的疾病症状等。随着照顾时间的持续和压力的增加，父母往往产生养育倦怠的情况，心理健康水平也低于正常水平。

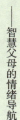

——智慧父母的情绪导航

研究显示，长期处于压力状态下，父母自杀倾向的总体检出率为 15.4%。当难以疏解压力时，父母可能也会出现打自己耳光、抓头发等行为，甚至有自杀倾向等。

您需要意识到，用这些行为来缓解情绪只会给孩子树立一个坏榜样。正确的做法是：认真学习关于情绪和情绪调节的知识，以此来帮助自己和孩子共同面对负性情绪，积极调节负性情绪，不要出现自伤行为。

Chapter 6

第六章

面对负性情绪，父母这样自救

伤心、沮丧的时候，可以向伴侣、好友、信赖的人倾诉、交流。如果不幸遭遇嘲笑和不理解，请不要失望，勇敢地继续寻找其他倾听者或者寻求专业心理医生的帮助，争取能够解答心中的疑惑、排解心中的烦闷。

有氧运动

运动可以促进内啡肽、多巴胺的分泌，帮助释放负能量，减轻个体的压力。慢跑、练习瑜伽和八段锦等都是不错的选择。

每周至少进行 3 次中等强度的有氧运动，每次运动 30 分钟，相当于每日步行 6000 步以上。

中等强度的运动是指运动时心率达到一定要求［170- 年龄（次 / 分）］。

深呼吸

深呼吸除了可以增强肺功能，还是一种心理调适方法，可以让人平静与放松。当感觉紧张、愤怒时，不妨进行几次深呼吸。

首先，应选择安静、空气清新的地方，避免在过于嘈杂或空气污浊的场所进行深呼吸，以免引起不适。

其次，保持合适的姿势（站着或坐着都可以），身体放松，将脊背挺直，双脚打开与肩同宽，闭上双眼，双手可以放在腹部或胸部来感觉身体的变化。

呼吸时，用鼻子吸气，同时心中默数到5，感受肺部和腹部逐渐充盈，屏住呼吸，再默数5个数，然后慢慢用嘴吐气，将气体排出体外。循环往复，感受呼吸的节律和深度。

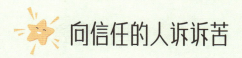

向信任的人诉诉苦

语言能传递并表达情绪和感受。向别人袒露心迹可以让负性情绪的"大山"一点一点崩塌，让人如释重负。

伤心、沮丧的时候，可以向伴侣、好友、信赖的人倾诉、交流。如果不幸遭遇嘲笑和不理解，请不要失望，勇敢地继续寻找其他倾听者或者寻求专业心理医生的帮助，争取能够解答心中的疑惑、排解心中的烦闷。

✦ 暂时远离

　　暂时远离是一个简单易行的好方法。如果对某个人感到愤怒、对某个场景觉得不舒服，大可以选择暂时离开。但离开的时候应当保持克制，心平气和地说明情况，不要带着怒气离场。

　　在离开之前，可以告诉对方自己并不是不想解决问题，也不是在逃避，只是想先冷静一下，等状态好一点再来解决问题。

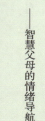

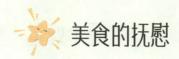

美食的抚慰

　　美味的食物能够安抚情绪，提供能量。心情低落时，可以品尝自己爱吃的食物为自己加油打气。

　　如果胃口欠佳，对美食提不起兴趣，可以告诉自己，只有吃饱了才有精力与孩子"斗智斗勇"。但需要注意的是，进食应有度，不要发泄式、报复式进食。

第六章　面对负性情绪，父母这样自救

73

 # 睡个好觉

　　充足的睡眠能为保持良好的心态打好基础，会让人充满正向、积极的情绪。

　　每天适宜的睡眠时间为 7 ~ 8 小时，午睡 20 ~ 30 分钟。

　　睡前不宜剧烈运动，可通过选择遮光效果好的窗帘、保持屋内灯光柔和、睡觉前听舒缓音乐来提高睡眠质量。

 做好约定

父母可与孩子共同协商、约定暂停情绪爆发的词汇。

当父母与孩子争执不下的时候，其中一方可以通过说出约定好的词汇，如"阳光"，来为当下的情绪战场按下休战符。

需要注意的是，父母和孩子都一定要有契约精神。当一方说出约定的词汇，双方都应该停止争吵、保持冷静，待情绪平稳后再来协商解决问题，达成和解。

八段锦

　　练习八段锦可以柔筋健骨、养气壮力，具有行气活血、疏通经脉、协调五脏六腑的功能，可以达到强身健体、怡养心神、益寿延年、防病治病的效果。规律性开展八段锦运动，可以帮助改善焦虑、抑郁等情绪。

第一式　双手托天理三焦

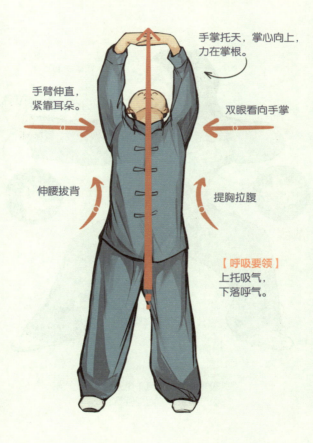

手掌托天，掌心向上，力在掌根。

手臂伸直，紧靠耳朵。

双眼看向手掌

伸腰拔背

提胸拉腹

【呼吸要领】
上托吸气，
下落呼气。

第六章　面对负性情绪，父母这样自救

第二式　左右开弓似射雕

眼看手的方向

胳膊与肩同高

力在掌根

爪式

八字掌

膝盖不超过脚尖

【呼吸要领】
吸气搭腕，呼气下蹲开弓。
吸气转重心，起身呼气回正。

——智慧父母的情绪导航

第三式　调理脾胃须单举

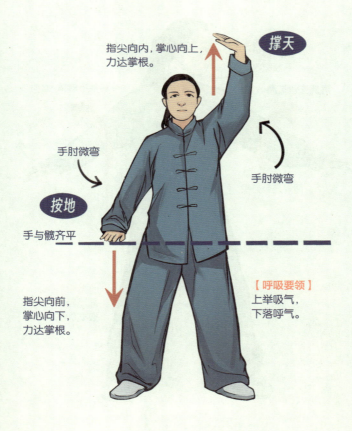

撑天

指尖向内，掌心向上，力达掌根。

手肘微弯

手肘微弯

按地

手与髋齐平

指尖向前，掌心向下，力达掌根。

【呼吸要领】
上举吸气，
下落呼气。

第四式　五劳七伤往后瞧

眼睛看斜后方，
下颌微收。

沉肩夹背扩胸

转头不转体

两臂充分外旋

【呼吸要领】
后瞧吸气，
收式呼气。

家有青少年
——智慧父母的情绪导航

第五式　摇头摆尾去心火

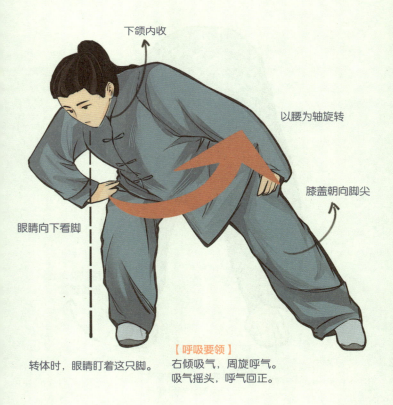

下颌内收

以腰为轴旋转

膝盖朝向脚尖

眼睛向下看脚

转体时，眼睛盯着这只脚。

【 呼吸要领 】
右倾吸气，周旋呼气。
吸气摇头，呼气回正。

第六章　面对负性情绪，父母这样自救

第六式　两手攀足固肾腰

可以稍向上
扳扳脚趾

【呼吸要领】
上举吸气，下按呼气。
反穿吸气，攀足呼气。

居家青少年

——智慧父母的情绪导航

第七式 攒拳怒目增气力

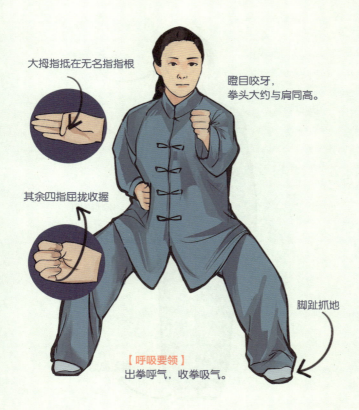

大拇指抵在无名指指根

瞪目咬牙，
拳头大约与肩同高。

其余四指屈拢收握

脚趾抓地

【呼吸要领】
出拳呼气，收拳吸气。

第八式　背后七颠百病消

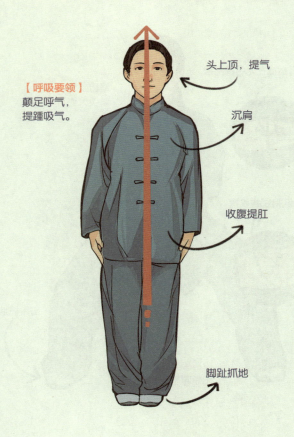

头上顶，提气

【呼吸要领】
颠足呼气，
提踵吸气。

沉肩

收腹提肛

脚趾抓地

 消气操

练习消气操可以宽胸理气、疏理肺气、锻炼呼吸肌、增强心肺功能、增加氧气的摄入。

· 踮脚抖肩 30 次。

· 小鸡振翅 30 次。

· 展臂振胸 30 次。

· 我想开了 20 次。

· 上下击掌后踏步 20 次。

· 昂首摆臂 20 次

· 荡秋千 20 次。

· 前后踢腿 30 次。

· 放飞自我 30 次。

踮脚抖肩 30 次

全身放轻松，手自然垂于身体两侧，微微踮脚，抖动双肩，踮脚时吸气，落脚时呼气。这个动作可以快速地放松大脑，进入轻松的状态。

智慧父母的情绪导航

86

小鸡振翅 30 次

全身放轻松，双腿微屈站立，动作时保持呼吸，手臂上抬时吸气，下落时呼气。这个动作能有效缓解肩颈紧绷。

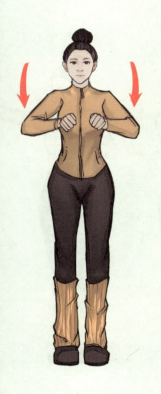 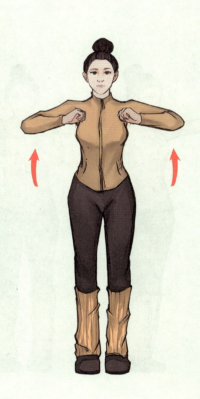

展臂振胸 30 次

自然站立，一臂伸直，另一臂屈肘，打开胸腔并快速且有节奏地后振胸膛。交替动作时有节奏地屈膝并配合呼吸：胸腔打开时吸气，手臂收回时呼气。该动作可以释放郁结，缓解胸闷。

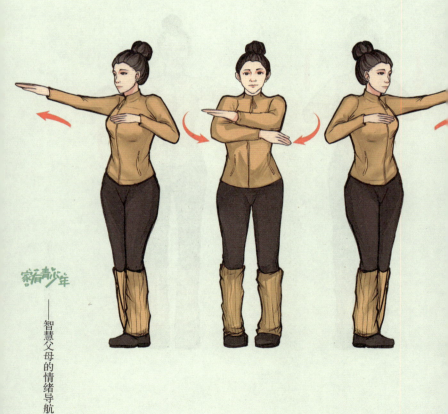

我想开了 20 次

　　双脚站稳，双手侧展打开，同时身体轻柔后仰，手臂打开时吸气，合拢时呼气。该动作可舒展胸臆，畅通呼吸，让人豁然开朗。

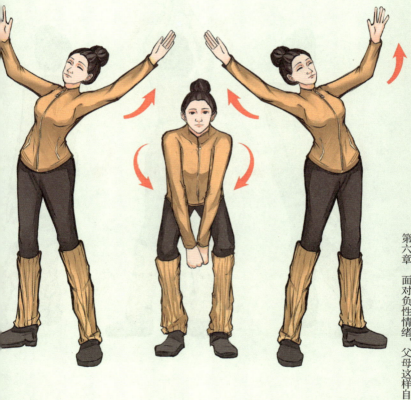

第六章　面对负性情绪，父母这样自救

89

上下击掌后踏步 20 次

双脚自然分开，双手快速在头顶上方击掌，回落身后击掌。该动作可协调手脚，活气血，提精神。

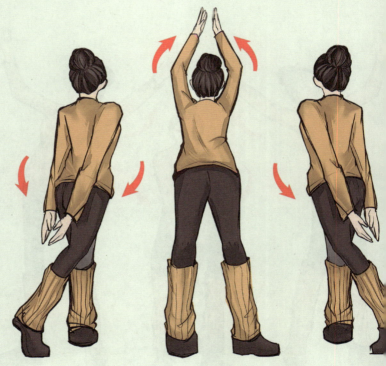

——智慧父母的情绪导航

前后踢腿 30 次

后抬腿，绷脚尖，双臂上举贴双耳。前踢腿，勾脚尖，双臂向身后甩。

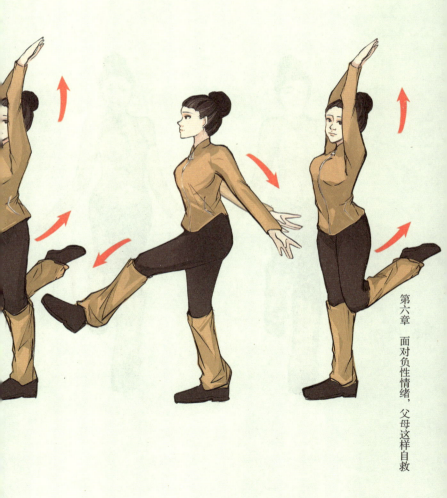

放飞自我 30 次

双膝弹性微屈，双臂放松垂于体侧。双脚轻快交替跳动，跃起时吸气，落地时呼气。该动作可松关节，畅循环，甩脱枷锁，自在如风。

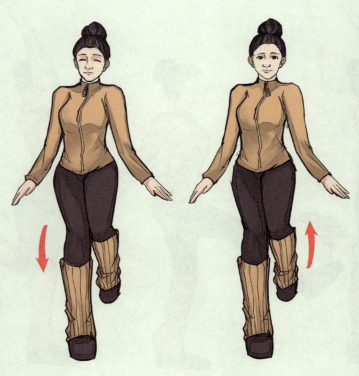

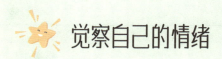

觉察自己的情绪

 明确感受自己的情绪

经常问问自己："我有什么样的感受？""我今天心情怎么样？"

记录自己的情绪感受与变化，具体可以参考表 6-1。

表6-1　情绪观察记录

日期	情绪状态	具体表现	持续时间	发生原因	解决方法	调整效果

 关注情绪的表现

对镜观察自己的表情，看看自己的脸上是否带着怨气、怒气，写着"生人勿近"。

多问问孩子的意见和看法，比如："我今天有没有对别人生气、摆脸色？""我今天说话的语气如何？""我今天是否捶胸顿足？"

面部瑜伽

面部瑜伽可以锻炼脸部肌肉，如眉头、嘴角、眼部周围肌肉，帮助肌肉放松，减少皱眉、瘪嘴等负性情绪的表情。

狮子脸：最受欢迎的动作，舌头尽量吐出，双眼尽量上翻。这个动作虽然不够好看，但抗负性情绪的效果不错，每次练习要保持动作 1 分钟。

飞吻固唇：反复或持续做飞吻动作。这个动作不仅可以有效锻炼嘴唇，避免负向表情，还可以防止唇部皮肤松弛，减少唇周皱纹。

吻天固颚：将脖子后仰，做亲吻天花板状，该动作重复 4 次。这样可以坚固下颚、脖颈和喉咙，减少唇周皱纹。

提眉固额：将眉毛以上肌肉向上拉，用手指抚平额头皱纹，各做 20 次。这个动作可有效控制负性情绪的表情，减少抬头纹。

鼓腮固颊：学习小号手，鼓起双颊，让空气在口腔中左右运动，轮流练习双颊，直到空气跑光。该动作每次重复4遍，可保持双颊强健柔软，减少垂头丧气的表情，缓解法令纹。

微笑消除鱼尾纹：微笑，用1根手指按住眼角，然后用另一只手反向推动下眼睑肌肉。动作重复20次。

您需要意识到，坚持运动，不仅能够改善自己的身体状况和精神面貌，还可以给孩子树立好榜样。

Chapter 7

第七章

预防孩子自伤有方法

否认与回避往往会被孩子认为是漠视与拒绝，从而强化他们的低自尊、无价值体验。

这些事不要做

 不要评判或指责孩子

不能说：

- "简直太荒谬了。"
- "你这么幸福，为什么想结束呢？"
- "你肯定不是那个意思吧？"
- "我简直不敢相信我所听到的！"
- ……

不否认、不回避

否认与回避往往会被孩子认为是漠视与拒绝，从而强化他们的低自尊、无价值体验。

不要威胁孩子

不能说：

- "如果你再这么做，我将会……"
- "立刻交出你的工具，停止这个行为，不然我就不要你了。"
- "你再不听话，我就不管你了。"

提高孩子的自信和勇气

　　如果长期不被父母理解和信任，孩子在心理上是怯懦的。如果想提高孩子的自信心、增加他们的勇气，父母平时应鼓励孩子去做一些他们擅长的事。孩子一旦取得成功，父母要及时给予肯定和表扬。孩子从成功之中会找回自信，面对挑战更有勇气，逐步克服自卑心理，远离自伤行为。

教会孩子宣泄情绪的正确方法

　　及时察觉孩子的情绪变化。当孩子遇到挫折、委屈和不顺心的事情时，父母应该告诉孩子可以放声大哭或是倾诉。如果孩子很愤怒，可以到空旷的地方大声喊叫，或是通过写作、绘画等方法发泄。如果发现孩子难以表达自己的痛苦，父母可以鼓励孩子采用非语言的沟通方式与信任的人交流，如写信、发送表情符号或使用商定的安全词、短语等。

不向孩子传递负性情绪

　　负性情绪（如恐慌和紧张等）和"细菌""病毒"一样具有传染性。父母如果不能调节好自己的情绪，那么负性情绪就有可能会传递给孩子，让孩子更加不安和紧张。如果父母确实遇到难以应对的消极情绪，应积极进行自我调适或者及时向专业机构求助，而不是把脾气发泄到孩子身上。

父母要告诉孩子，当有负性情绪的时候要及时发泄出来，不要积压在心里。

Chapter 8

第八章

如果孩子伤害了自己

只有爱自己的人，才能得到别人的爱；只有客观看待自己的人，才能活出自己的精彩；只有坦然接受自己的全部，才能在人生的路上勇往直前，无所畏惧。

帮助孩子认清自伤的危害

　　孩子在自伤时往往只是沉迷于一时的愉悦或解脱，并不能意识到自伤带来的各种危害。父母一旦发现孩子有自伤行为，要及时给孩子讲清自伤带来的不良后果，让孩子知道这样做不但不能解决任何问题，还会给自己以后的生活带来更多的麻烦。只有让孩子从主观上意识到这是一种不好的行为，孩子才能从心理上接受父母的引导。

　　父母要注意用平静、温和的态度和孩子交流。

教会孩子正确评价自己的方法

接受并喜欢自己是一个人建立自信和拥有勇气的前提。父母要让孩子明白：人各有所长，每个人都是独一无二的。每个人都要学会肯定自己，不能因为他人的意见和看法而感到胆怯。

只有爱自己的人，才能得到别人的爱；只有客观看待自己的人，才能活出自己的精彩；只有坦然接受自己的全部，才能在人生的路上无所畏惧，勇往直前。

对于有过自伤行为的孩子，父母要给予更多的支持和鼓励。曾经自伤的孩子往往会有自卑、焦虑、负疚感，他们害怕自己被议论。这个时候，父母需要积极引导孩子，帮助孩子认识到自己的长处。

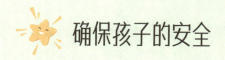

确保孩子的安全

"我想死。"

"我不在乎了。"

"什么都不重要了。"

"我想知道有多少人会来参加我的葬礼？"

"有时候我真希望我能直接睡过去，永远不要醒来。"

"没有我，所有人都会过得更好。"

当发现孩子流露出上述念头时，父母一定要认真对待，这很有可能是孩子发出的求救信号。不要忽视这个信号，更不要认为孩子是在闹脾气或者开玩笑，有可能孩子真的想把这种危险的想法付诸行动。

此时，父母要主动询问孩子想要自伤的原因，倾听孩子内心的声音，了解他／她自伤背后的动机和原因，并对他／她的想法表示理解；告诉孩子自伤的危险性；可以与他／她共同达成安全协议（如限制自伤工具的获得、明确反对通过自伤解决问题）；鼓励他／她当有自伤想法时，要告诉值得信任的人。

如果孩子已经有明确的自伤计划，甚至有过自杀未遂的经历，那么父母应当 24 小时陪伴孩子，撤走孩子周围可以用于自伤的、锋利尖锐的物品，如剪刀、笔、牙签等，保管好家里的药物避免孩子吞药自伤，以及在家里安装防护栏等。

留意孩子的购物记录

　　生活中多关注孩子遇到的问题，增加与孩子之间的沟通频率，及时发现孩子的情绪波动和自伤行为相关倾向（如睡不着觉、割手、哭泣等）。父母应留意孩子是否在网上购买过药物、刀片等，可以导致自伤的用品或工具，一旦发现要及时关注并撤走能造成自伤的危险物品。

增加亲子间的有效陪伴

父母的有效陪伴才是孩子成长最大的底气！陪孩子逛街、与孩子共同完成一项"任务"（如做手工、看电影、阅读一本书并分享读书心得、共同学习一项技能等），都是有效的陪伴方式。

给予孩子一定独处的空间

　　在增加有效陪伴的同时，父母也要给予孩子一定的独处空间。尤其是对青春期的孩子，要尊重他们对独立和独处的需求，学会发现孩子的优点和进步，更加包容、理解和信任孩子，多一些商量和鼓励，少一些管制和唠叨。随着与孩子共处的时间增多，亲子矛盾和冲突也可能增加。遇到争吵，可以先按下暂停键，等到双方情绪稳定后再理性沟通。

第八章　如果孩子伤害了自己

关注孩子的睡眠状况

　　高质量的睡眠对身体健康和整体生活质量至关重要，保证充足睡眠可以减少抑郁情绪，避免自伤行为的发生。建议晚上 10:00 睡觉，睡觉时长以 6 ~ 10 小时为宜，白天可以午睡，但午睡时间控制在半个小时即可，不要超过 40 分钟，以免白天午睡时间过长影响夜间睡眠。

制订全家日常作息表

　　父母可以和孩子一起做好全家的作息表，列明生活、休息、健身、学习、娱乐等各项安排，还可以列出每日愿望清单，如做手工、画画、游戏、室内运动、制作美食、打理植物等项目。愿望清单上的项目由全家人共同完成，共度美好的亲子时光，使居家生活更和谐。父母还可以教孩子一些家务活，培养孩子的劳动意识和动手能力。

第八章　如果孩子伤害了自己

⭐ 与孩子共同制定电子产品使用规则

　　与孩子共同制定双方都认可的规则，明确使用电子产品的时段、时长和内容等，并要求孩子认真遵守，让孩子重视视力保护和身体健康。同时，家长也要控制好自己使用电子产品的时间，以身作则，为孩子做出示范和榜样。

——智慧父母的情绪导航

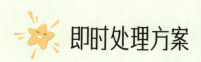# 即时处理方案

第一步，收走自伤工具。如果孩子自伤，父母应该立即收走孩子身边可能会用于自伤的所有物品。

第二步，适当的肢体约束。进行适当的肢体约束，以防止孩子进一步伤害自己。

第三步，教会孩子替代自伤的方法。待孩子情绪稳定后告诉他／她，除了自伤，还有别的方法。

舒缓、减压、分散注意力的方法

·散步、听音乐。

·创造一些东西：绘画、写作、作曲或制作自己感兴趣的东西。

·去公共场所，避免长时间独自待在一个空间。

·写日记或随笔。

·抚摸或照顾宠物。

·看电视或电影。

- 与朋友联系。
- 洗个热水澡。

释放情绪的方法

- 把冰块捏在手里直到融化。
- 把松紧带扣在手腕上。
- 用红笔在皮肤上画。
- 进行体育锻炼。
- 击打枕头或其他柔软的物体。

寻求专业人员的帮助

如果通过以上措施都不能缓解孩子的负性情绪或无法阻止自伤行为时，父母可以及时到医院寻求专业人员的帮助。

家有青少年
——智慧父母的情绪导航

警惕过度内疚，做好相关保护措施

　　"因为孩子的自伤行为，而过分满足孩子的不合理诉求""放弃父母的权威性与重要性，认为自己很糟"，这些想法都是不对的。面对孩子自伤的行为，父母要对孩子的痛苦表示理解，以理智、温和、坚定的态度与孩子协商。

"青春期正是经历人生巨变的时期，少男少女既向往自主自立又胆怯不安，既渴望理智成熟又总被情绪左右，既期望被他人认可又经常否定自己。对父母来说，和青少年相处需要智慧和勇气，请对青少年多一分认可、多一分接纳，让青春之树茁壮成长、傲然挺立。"

Chapter 9

第九章

和孩子好好沟通

父母永远是孩子的第一任老师，如何培养、教育孩子是父母一生中最重要的课题。

父母永远是孩子的第一责任人

在我国，隔代育儿是普遍现象。但需要明确的是，孩子的第一责任人是父母。如果父母当"甩手掌柜"，那必定会影响亲子关系，为孩子未来的人生留下隐患。家庭环境可以塑造孩子的品格，父母会影响孩子的一生。

著名育儿专家张思莱也帮女儿带孩子，但她事先已和女儿说好：孩子的第一责任人必须是父母。父母和孩子亲近，才能培养好的亲子关系。作为姥姥，她只是来帮助他们。张思莱说："我的目的就是让孩子和自己的爸妈亲。"

127

父母只有维护好孩子的尊严，教育才能达到效果。作为父母，不应随意开孩子的玩笑，不应当众揭孩子的短，更不应在公共场所打骂孩子。当然，有时过分谦虚也会伤害孩子的尊严。比如，当着孩子的面和别人说："我们家孩子不行，比你家孩子差远了。"

　　教育孩子的前提是保护好孩子的尊严，这比教育孩子更加重要。

善于发现孩子的优点和长处，
多鼓励

优秀的家长更善于发现孩子的优点。不要用"别人家的孩子"来贬低自己的孩子。最能治愈孩子的，永远是父母的认可和鼓励。

漫画家宫崎骏曾说："父母对子女真正的爱，是理解、欣赏和鼓励。"心理学家曾奇峰说："父母分三种：第一种是无论你做什么，他们都批评你；第二种是无论你做什么，他们都忽视你；第三种是无论你做什么，他们都鼓励你。毫无疑问，所有的孩子都想要最后一种父母。"

第九章 和孩子好好沟通

《最美的教育最简单》里提到："真正高层次的教育，是让孩子做自己，成为自由的人，做一个他自己原本期待和喜欢的样子。"

Chapter 10

第十章

错误的育儿观念

只要孩子能够把自己某一个方面的能力或者特长发挥到极致，那他一定可以享有不平凡的人生。

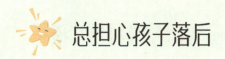

总担心孩子落后

优秀的家长更善于发现孩子的优点。

大部分父母都希望自己的孩子一直处于领先的地位。其实，父母要转变这种思维。尽人事，听天命。并不是只有考上名牌大学的人生才算完美。

☆ "打压"孩子

　　在与孩子产生矛盾时，因为担心孩子狂妄自大，有些家长用语言打压孩子。有的家长认为，孩子不打不成才，打一次才能让他印象深刻，有所改变。这些都是错误的育儿方法。家长要适当地给予孩子空间，不能自认为孩子的言行有误，就狠狠地收拾孩子。

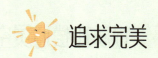

追求完美

　　多数父母都对孩子有很高的期待，希望孩子在各个方面都发挥到极致。只有孩子样样都出挑，父母才会有成就感、满足感。

　　孩子是独立的个体。追求完美的父母往往是利用孩子实现自己的梦想。

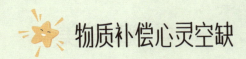

物质补偿心灵空缺

有的父母平时忙于工作，没时间陪伴孩子，因此总觉得亏欠孩子，往往选择通过在物质上满足孩子来弥补内心的亏欠。

每个孩子都渴望父母能及时回应自己，但在现实中孩子的需求却经常被忽视。当孩子因为人际关系、学业压力等问题而心情不好，主动向家长倾诉自己的困扰和感受时，很多父母完全不顾及孩子个人的想法和内心变化，习惯于从"过来人"的角度，理所当然地给出一些"口头"建议。中国家长常常陷入一个误区，总觉得把孩子带在身边就是在陪孩子、爱孩子。事实是，孩子要的并不只是父母的陪伴，孩子还希望父母能对自己的需求做出回应。

斯腾伯格提出，老师和家长对孩子提出的问题给予指导并作出及时回应，有利于孩子的好奇心的培养和智力的发展，这会引导他们进一步探索，而不是摆烂和躺平。

Chapter 11

第十一章

运用科学的沟通方式

很多时候，比起大道理，孩子更需要的其实是父母提供的情绪价值。积极正向的情绪是一个家庭幸福的密码。情绪价值越高的父母越容易培养出乐观、自信、优秀的孩子。

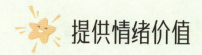

提供情绪价值

情绪价值不仅决定了一个人受欢迎的程度，更决定了一段关系的成败。尤其在一个家庭中，是否拥有正向的情绪价值在很大程度上影响着这个家庭的未来。

 ## 当孩子有沟通意愿时

家长要关注孩子的内心感受，探寻孩子的内心需求。

有一位母亲，面对两周才回一次家的孩子，第一句话就是："这次考得怎么样？"孩子顿时火冒三丈："问什么问？再问就死给你看。"然后把门猛地一摔，将自己锁在了屋子里。母亲怒火中烧，随即一脚把门踹开了，对着女儿就是"啪啪"几个耳光。当母亲冷静下来以后，主动问女儿："你想要妈妈怎么样？"女儿说："你只需要给我物质上的支持，我不需要你对我学习上过度的关注，我半个月回一趟家，你第一句话就问我成绩，你爱的是我？还是我的分数？"母亲顿时怔住了，不知所措。原来自己从来没有从孩子的角度考虑过她内心的需求。

了解孩子面临的困境，提供支持

漫画家蔡志忠曾对孩子说："你可以犯100万个错误，可以考100次零分，都不会改变你是我女儿的事实。全世界70亿人，这70亿人中最乐意帮助你，实质帮助你最多的那个人就是我。"

其实，在成长的过程中，孩子总会犯这样那样的错误，家长急于指责、打骂，反而容易错失让孩子进行自我认知的最佳时机，还容易让他们得出"父母不爱自己"的结论。合理运用孩子能够接受的方式及科学的方法提出批评，帮助孩子真正认识到自己的错误并改正，这样才能达到理想的教育效果。

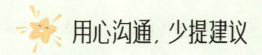

用心沟通，少提建议

很多父母看到孩子发脾气或是惹了麻烦，就控制不住自己的情绪，朝孩子大吼大叫。还有一些家长表面上在倾听孩子，本质上还是在表达自己，输出自己的想法和观念，想要改变孩子。

比如孩子说他觉得最近学习很累，家长不去表达理解，而是开始说教："等你长大了就会发现学习才是最轻松的事情，我和你爸天天这么忙地工作，不累吗？"

比如孩子表达不满，"每次我和弟弟吵架，你都骂我，有时候根本不是我的错！"结果家长说："你是大孩子，要让着弟弟，你还记得孔融让梨的故事吗？"

这种倾听其实是无效的。来自父母的否定和反驳，只会让孩子感受到情感上的忽视和拒绝，就像在黑暗中呼喊，却得不到回应。渐渐地，孩子就不会再对父母敞开心扉了。

第十一章 运用科学的沟通方式

家长在倾听孩子的心声时，重点在于努力站在孩子的角度思考问题，接纳和理解他／她的感受和想法，而不是固执己见，说一堆大道理，想让孩子听自己的话、控制孩子。

回应式倾听，听孩子的内心

　　"中国式沟通"充斥在原本应该亲密的亲子关系当中，家长习惯性地要在孩子面前树立权威，讲很多大道理，苦口婆心劝孩子听话。但这对于孩子来说根本不是自愿沟通，而是"被沟通"。其实，有效的亲子沟通需要家长先做一个优秀的倾听者，通过倾听来觉察孩子的感受和问题的根源所在。在沟通时，家长要放下手中所有的事，做好全神贯注倾听的准备，让孩子有安全感。

在听之前，家长可以先问一句："孩子，怎么了？"然后耐心等孩子的倾诉。

之后可以再问："还有吗？你能不能说说具体情况？"

等孩子具体说了，再说："然后呢？你有什么感觉？"

倾听的同时，家长可以用"哦""好""嗯"做相应的回应。

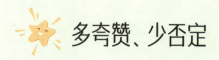

多夸赞、少否定

美国幽默大师马克·吐温曾说过："一句真诚的赞美可以让我多活两个月。"

无论是谁，都喜欢听到别人的赞美，而不喜欢被人批评。受人表扬总是心情愉悦的，挨人批评则难免垂头丧气。对于孩子来说，一句表扬的话语，不仅可以让他们更加自信，还能够增强他们面对挫折与困难的勇气。而真正有智慧的父母，都懂得从沙砾中寻找珍珠，发现并认可孩子的长处。根据教育学的理论：孩子终将成为父母描述的样子。父母批评指责孩子，孩子不会知耻而后勇，只会真的相信"我很差"。父母多夸奖孩子，孩子才会一点一点成长为父母期待的样子。

多用具体的、诚恳的、含细节的语言肯定孩子，孩子才会建立稳定的自信心和自我效能感。

家有青少年

——智慧父母的情绪导航

148

Chapter 12

第十二章

教会孩子管理手机

近年来，随着智能手机等电子产品的普及，我国青少年手机用户规模迅速扩大。2020 年，我国的未成年网民规模已达 1.83 亿，近 2/3 的青少年拥有自己的上网设备。

当前青少年使用手机的主要需求

　　智能手机的普及使青少年有更多机会获取在线教育资源，但手机成瘾对青少年身心健康的负面影响也引发了各界担忧。研究表明，长时间使用手机会导致青少年运动和睡眠时间减少，甚至会引发心理健康问题。

　　青少年的"手机依赖"已成为社会各界广泛关注的危害健康的行为之一。家长若想管理好孩子的手机，需要先明确孩子对手机的使用需求究竟有哪些。

　　社交交流：手机是孩子们与朋友和同龄人保持联系的重要工具。

　　娱乐消遣：手机上各种游戏、视频和娱乐应用程序可以缓解压力。

　　学习资源：手机上可以下载和使用各种教育和学习资料。

　　独立和自主：使用手机可以让孩子感到更加独立和自主。

第十二章　教会孩子管理手机

获取信息： 使用手机可以帮助孩子解答疑惑和获取信息，满足孩子的兴趣需求。

创造和分享内容： 孩子能够用手机拍照、录制视频和分享创作。

便捷的工具： 手机可以提供方便的功能，如闹钟、计算器等。

跟随潮流： 孩子使用手机是希望跟上时代和潮流，避免被孤立。

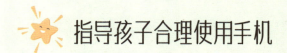

指导孩子合理使用手机

与孩子一起制定明确的规则和限制：在学习时间、晚饭时间和睡前禁止使用手机。这样可以避免手机对孩子的学习、生活和睡眠产生负面影响。

限制访问成人内容和暴力内容：配置手机设置，限制孩子访问成人内容和暴力内容，保护他们的心理健康。

建立信任开放的沟通渠道：与孩子保持开放和诚实的对话，鼓励他们分享手机使用的体验和疑虑。

互相尊重：倾听孩子的想法和意见，尊重他们的隐私和个人空间。

教导孩子使用手机的技巧和注意事项：如何管理时间、保护个人隐私、避免上瘾以及对他人的尊重。

充当榜样：作为家长，要以身作则，自己也要合理使用手机。

建立奖励和惩罚机制：通过奖励和惩罚鼓励孩子遵守手机使用规则。奖励可以是额外的手机使用时间或其他奖品。

定期询问手机使用情况：通过询问，了解孩子手机使用情况，确保他们遵守约定。

Chapter 13

第十三章

帮助孩子解决在学校遇到的问题

父母是孩子永远的老师。在孩子成长过程中，家庭教育对于孩子的成长和发展起着至关重要的作用。随着孩子的成长，学业压力增大，很多孩子在学习过程中会产生诸多令父母感到棘手的问题。此时，家校共育显得尤为重要。

 学习问题

　　当孩子在学习中遇到困难时，父母及时给予帮助能够让孩子尽早走出困境，进入学习的良性循环。只要让孩子收获学习带来的成就感，孩子就会打心底爱上学习。家长过早放手会导致孩子在学习中产生挫败感，挫伤其学习兴趣和信心。

　　那么父母怎么帮孩子解决"学习难、学习累"的问题呢？

　　所谓学得好，不是只看成绩，而是看成绩与孩子的能力是否匹配。孩子的学习兴趣是否足够浓厚、信心是否充足、学习习惯是否良好。家长辅导孩子学习时需要遵循以下原则。

先加以辅导，再逐渐放手

"教是为了不教，管是为了不管。"开始不放手是为了以后更稳健地放手。家长要注意，即使孩子学习顺利，家长已经逐步放手，也要保持关注，及时发现孩子遇到的困难和问题。如若孩子学习比较坎坷，那家长更不可操之过急，毕竟学习本就不是一件快乐的事。对学习成绩不好的孩子而言，学习更是一种难上加难的挑战。

辅导孩子写作业要注意调整心态

父母辅导孩子学习，首先要调整好自己的心态。学会放下对孩子优秀成绩的过度执着，告诉孩子努力去做就好，面对结果要顺其自然。其次，在辅导孩子学习的过程中，父母要学会理解、尊重孩子，改变自己的认知，让自己保持情绪平和。在整个过程中，最重要的是接纳不完美的孩子和自己。

去除心中"你应该会"的执念

辅导孩子学习，如果父母总是抱着"这么简单的题，孩子应该会"的态度，那么遇到孩子不会的情况，父母必然会大失所望、生气、发怒。

存在即合理。父母要学会接纳孩子不会的现状，冷静、理智地分析"孩子不会"的深层原因。如果父母只是发脾气，只会把孩子越推越远。

学会接受，其实没什么大不了

孩子毕竟是孩子，无论发生什么都很正常。淘气、随性是孩子的天性，不能把孩子当成成年人，更不能想当然地认为孩子就应该服从父母的安排。想要孩子顺从自己，父母更要读懂孩子的内心，要站在孩子的立场理解他，让孩子感受到父母的温暖，孩子才会慢慢信任父母。

控制自己的情绪

孩子的学习涉及很多方面，控制情绪只是第一步。对于孩子学习的问题，需要有解决思路，从一个个细节去入手改变，逐步培养孩子对学习的兴趣、信心和习惯。只有让孩子体验进步和成长的喜悦，孩子的学习才会进入到良性循环。

营造良好的学习氛围

　　给孩子安排固定的学习时间，并且坚持每天完成学习计划，以便孩子有充足的时间学习。父母平时应确保孩子能够在家里有良好的学习环境。此外，家庭成员之间要营造轻松、友好、亲昵、鼓励的氛围，让孩子在轻松、愉悦的氛围中学习。

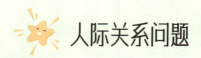

人际关系问题

对于孩子的交友问题，家长总有太多的担心和忧虑。尤其在升学阶段，除了学习，大多数家长最担心的就是孩子的交友情况。一方面，担心孩子没什么朋友；另一方面，又担心万一孩子交了损友，被带坏了怎么办？

首先，交友是孩子成长的需要，尤其是对于青春期的孩子来说，社交也是生活中重要的一部分。青春期的孩子不爱和父母聊心事，而更多地选择和朋友分享。不论是亲子关系还是师生关系，孩子都是被管教的一方，而在同伴关系中，孩子与同伴却是一种平等的关系。他们处在相同的年龄阶段，会遇到共同的挑战和困难，同伴之间的交流和沟通可以带给他们归属感、安全感和力量。

其次，同伴关系对青少年的情绪和社会适应能力有极大的影响。在开学初，有不少孩子因为同伴关系不理想而拒绝上学。相反，积极的同伴关系可有效缓解学习

第十三章 帮助孩子解决在学校遇到的问题

和生活中的压力，排解孤独感、抑郁、焦虑等消极情绪，帮助孩子更快地适应校园生活。青春期的孩子心灵容易"感冒"，良好的同伴关系将是治愈心灵"感冒"的一剂良药。

父母面对孩子同伴交友问题时，应注意以下原则：

不搞"急刹车"

许多孩子会在寒假期间和朋友尽情玩耍，开学后也想着出去玩。家长为了让孩子快速回到学习状态，便要求孩子在家专心读书。实际上，学习要慢慢增量，孩子的人际社交也不能搞"急刹车"。给孩子缓冲的时间，将假期的玩耍对象逐渐过渡到校内的同学，社交方式也逐渐从电话、网络等方式过渡到面对面的社交。

不搞"一刀切"

不少家长担心同伴影响学习，就向孩子灌输"成绩好的同学才值得交往"这种"一刀切"的思想。不要以分数去定义一个人值不值得交往。其实，与不同发展水平和不同成长经历的同伴一起玩耍，不仅能增强孩子的认知和判断能力，还能帮助他们学会理解别人的心理状态。

不搞"瞎指挥"

父母常常会以成年人的视角去评价一段友谊的价值。过多评价性语言和增加裂隙的行为都可能让孩子陷入迷茫。对于青春期的孩子，这样的语言甚至会破坏亲子关系。如果孩子和好友一起玩耍，如果孩子的朋友成绩出色，而自家孩子成绩不够理想，有不少父母就会讽刺挖苦孩子："你看你成绩这么差，跟他有什么好玩的呢？人家虽然玩，但成绩还那么好。"这是错误的做法。此时，有智慧的家长可以引导孩子向自己的好友学习，看到同伴的优点，学习同伴平衡玩耍与学习的方法和能力。当孩子在交往中遇到困难时，父母不要一味地指责孩子，而要表现出重视和积极的态度，用正面的情绪去影响孩子。

 不搞"放风筝"

无论何时，家长都不能对孩子撒手不管。孩子的好友都有哪些？是否有一些损友？孩子是否在网络上交友？是否有遭遇骗局的风险……这些问题父母都要密切关注。因此，父母需要对孩子的交友状态有所了解。父母在孩子身上倾注了多少时间和精力，最终都会在孩子身上一一体现出来。

让孩子知善恶，辨离合

孩子在与同伴交往的过程中难免会遇到一些损友，此时需要借机让孩子认识到朋友有损友、益友之分。如果孩子在和朋友相处的过程中，受伤多过于欢喜，坏行为多过于进步，家长可以通过启发性的问题，或者以讲故事等方式，启发孩子学会客观看待朋友的言行，帮孩子梳理思路，让孩子自己得出结论，判断这段友谊是否值得继续维持下去。如果发现孩子在与同伴交往的过程中受到伤害，家长无论何时都应该是孩子的避风港。

 # 师生问题

《礼记·学记》中提到："亲其师，信其道；尊其师，奉其教；敬其师，效其行。"教育领域也早有专家提出，一所学校对学生最大的影响因素不是物质条件，也不是课程，甚至不是教学方法，而是师生之间的关系。良好的师生关系是产生有效互动的基础，有助于提高学习效率！孩子喜欢老师，就会喜欢该老师所教的学科；孩子不喜欢老师，就会导致他不喜欢该老师所教的学科，成绩不断下降。

在孩子与老师发生矛盾、师生关系不佳时，家长往往容易走两个极端：要么责备孩子，要么埋怨老师。这两种做法只会导致严重的后果：①责骂孩子会让孩子对父母失去信任，也会极大地损毁亲子关系。②和老师对立不仅无法帮到孩子，还可能把孩子推到一个更加尴尬的境地，影响孩子今后的学习生活。

那么家长在孩子与老师发生矛盾问题时该怎么做呢？

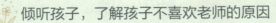 **倾听孩子，了解孩子不喜欢老师的原因**

把"不喜欢"具体化。孩子是不喜欢老师的道德品质、外在形象、内在素质还是教学水平？家长要耐心听孩子倾诉，未成年人尤其青春期的孩子往往是情绪大于理性。很多时候，孩子抱怨老师，往往是需要找到一个倾诉的对象，家长一定要做好情绪容器，给孩子提供倾诉的机会。在孩子倾诉的过程中，家长也不必急于表态或者下结论。有的时候，孩子倾诉完，自己就知道后续该怎么做了。其实，家长无论到什么时候都应该是孩子心灵的避风港。

告诉孩子，要学会接受不完美的老师

金无足赤，人无完人。老师也是人，他们难免有缺点，因为比较严厉、苛刻、急躁或古板，不受孩子欢迎，但大部分老师都希望自己的学生学习进步、学有所成。

事实上，孩子从幼儿园到大学会接触到不同的老师。每位老师的性格、教育理念和教育方式都不同，孩子需要学会适应。今后孩子进入社会也需要适应形形色色的人。让孩子记住：环境不会因为我们而改变，孩子要提前学会适应。

家有青少年
——智慧父母的情绪导航

家长要和老师真诚沟通

家长千万不要在学校的 QQ 群或微信群里公开吐槽，这是最不可取的沟通办法，也别动不动就找校长、找相关管理部门，这只会把事情搞得更糟。最好的方法是约老师单独面谈。家长的态度要不卑不亢且就事论事、对事不对人，不要一开口就咄咄逼人，委婉真诚地告诉老师，一切都是为了孩子。

真诚沟通有诸多好处。家长可以从中发现老师的长处，可以开导和说服孩子，帮助孩子对老师重建信任。要相信，绝大部分老师都希望自己的学生能取得进步，一般都会积极配合家长去激发孩子对此门学科的兴趣。没有老师愿意看到学生是因为自己而丧失对这门学科的兴趣。家长的坦诚也会让老师看到希望并增强其信心。毕竟教育好孩子是"家校联动工程"，智慧的家长要学会借助学校和老师的力量。

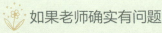

如果老师确实有问题

如果遇到丧失了师德底线的"坏"老师，真的对孩子做出了辱骂、体罚或其他伤害孩子身心的行为，作为家长，该出手时就出手！拿起法律武器维护孩子的正当权利。对犯人的姑息和纵容就是对自己和他人的残忍，记住压倒"骆驼"的绝不是最后一根稻草，而是每一根稻草。做家长的要保护孩子身心不受伤害，必须帮孩子清除成长路上的"根根稻草"和"尖刺"。

虽然这种极端情况罕有，但也必须防患于未然。面对问题，家长一定要弄清事情的真相，除非确凿证据在手，否则不要贸然行动。在处理问题时要把握好"度"。

参考文献

[1] Ekman P, Friesen W V. Constants across cultures in the face and emotion[J]. J Pers Soc Psychol, 1971, 17(2): 124-129.

[2] 陈子健,朱晓亮.基于面部表情的学习者情绪自动识别研究——适切性、现状、现存问题和提升路径[J].远程教育杂志,2019,37(4):64-72.

[3] 王小军.情绪心理学[M].北京：西苑出版社,2020:194.

[4] Auerbach R P, Stewart J G, Johnson S L. Impulsivity and suicidality in adolescent inpatients[J]. J Abnorm Child Psychol, 2017, 45(1): 91-103.

[5] Witt K G, Hetrick S E, Rajaram G, et al. Interventions for self - harm in children and adolescents[J]. Cochrane database Syst Rev, 2021, 3(3):CD13667.

[6] 盛秋菊,王洪涛,金良怡. 青少年自杀相关因素分析与预防[J]. 临床心身疾病杂志,2007,13(4):369-370.

[7] 喻婷,胡德英,童永胜,等. 精神疾病患者自杀行为治疗性干预的研究进展[J]. 中华现代护理杂志,2020,26(16):2231-2236.

[8] Hawton K, Saunders K E A, O'Connor R C. Self-harm and suicide in adolescents[J]. The lancet, 2012, 379(9834): 2373-2382.

[9] Gillies D, Christou M A, Dixon A C, et al. Prevalence and characteristics of self-harm in adolescents: meta-analyses of community-based studies 1990–2015[J]. J Am Acad Child Adolescent Psychiatry, 2018, 57(10): 733-741.

[10] Kothgassner O D, Robinson K, Goreis A, et al. Does treatment method matter? A meta-analysis of the past 20 years of research

on therapeutic interventions for self-harm and suicidal ideation in adolescents[J]. Borderline personality disorder and emotion dysregulation, 2020, 7: 1-16.

[11] Skegg K. Self-harm[J]. The Lancet, 2005, 366(9495): 1471-1483.

[12] Chai Y, Luo H, Wong G H Y, et al. Risk of self-harm after the diagnosis of psychiatric disorders in Hong Kong, 2000–10: a nested case-control study[J]. The Lancet Psychiatry, 2020, 7(2): 135-147.

[13] 万宇辉,刘婉,郝加虎,等. 青少年非自杀性自伤行为评定问卷的编制及其信效度评价[J]. 中国学校卫生,2018,39(2):170-173.

[14] World Health Organization. Training manual for surveillance of suicide and self-harm in communities via key informants[EB/OL].(2023-3-23)[2024-10-26] https://iris.who.int/handle/10665/365481.

[15] Oxford Health NHS Foundation Trust. Coping with Self-Harm: A Guide for Parents and Carers–Highly Commended by the BMA[EB/OL].(2016-9-20)[2024-10-26] https://www.oxfordhealth.nhs.uk/news/coping-with-self-harm-a-guide-for-parents-and-carers-highly-commended/.

[16] 高菲. 青少年抑郁症患者照顾者心理状况研究[D].重庆：重庆医科大学,2021.

[17] 王芸,陈长浩,夏磊,等. 儿童青少年精神障碍患者家长自杀倾向及危险因素分析[J]. 广东医学,2024,45(8):1017-1021.

[18] 陈静,施旭爱. 抑郁症患者自杀意念调查及其与家庭功能的关系:情绪调节自我效能感的中介作用[J]. 中国健康心理学杂志,2024,32(11):1647-1652.

[19] 赵文,王雨晴,王奕丹,等. 感恩和学校联结在家庭功能与心理韧性间的链式中介作用:普高生和职高生的多群组分析[J]. 中国

健康心理学杂志,2024,32(4):603-610.

[20] 全传升,潘继英,吴亚娟,等. 心理健康教育多元家庭治疗对抑郁障碍患者的疗效及家庭功能的影响[J]. 国际精神病学杂志,2023,50(6):1338-1341,1346.

[21] 张立元,李海霞,张晓红,等. 家庭功能、疾病进展恐惧与自我感受负担在脊柱骨折患者创伤成长中的关系研究[J]. 护士进修杂志,2023,38(22):2096-2101.

[22] 罗爽,尹华英,雷莉,等. 父亲抑郁情绪和家庭功能在早产儿母亲抑郁情绪与母婴情感联结间的中介效应[J]. 护理学报,2022,29(9):58-63.

[23] 程可心,游雅媛,叶宝娟,等. 家庭功能与中学生自杀态度的关系[J].心理发展与教育,2022,38(2):272-278.

[24] 王路,宇寰,杨元,等. 情绪反应性在心境障碍患者早年家庭功能不全与自杀风险间的中介效应[J]. 中国临床心理学杂志,2021,29(5):1081,1086-1089.

[25] 温亮,张旺信,杨晓瑜,等. 老年冠心病住院患者患病行为与家庭功能、应对方式的相关性[J]. 中国老年学杂志,2021,41(7):1527-1531.

[26] 刘晓凤,王秋英,迟新丽,等. 家庭功能对青少年抑郁的影响:一项有调节的中介效应[J].中国临床心理学杂志,2020,28(4):688-693,772.

[27] 迟璐璐,钟文娟,刘丽明,等. 急诊护士心理弹性与家庭功能和应对方式的相关性[J].中国健康心理学杂志,2021,29(2):240-245.

[28] 刘宏丽,赵秋利,王坤晓,等. 脑卒中病人家庭功能在日常生活能力与脑卒中后抑郁中的中介作用研究[J].护理研究,2019,33(19):3350-3355.

[29] 肖美丽,刘丹,杨东琪,等. 家庭功能和孕期生活事件对孕晚期"二孩"孕妇的影响[J].中华护理杂志,2019,54(9):1354-1358.

参考文献

[30] 杨静萍,高玲玲. 家庭功能与孕妇身心健康关系的研究进展[J].护理学杂志,2018,33(9):110-113.

[31] 李曦,张雪凤,冯啸,等. 家庭功能对同伴关系的影响:共情和理智调控情绪能力的多重中介效应[J].中国临床心理学杂志,2018,26(1):158-161.

[32] 王玉龙,汪瑶,唐卓,等. 家庭功能与青少年情绪健康的关系:母子依恋的中介及性别差异[J].中国临床心理学杂志,2017,25(6):1160-1163.

[33] 范明惠,胡瑜. 青少年共情能力现状及相关因素[J].中国心理卫生杂志,2017,31(11):879-884.

[34] 李丽娜,张李斌,刘霄,等. 城镇化进程中留守妇女的婚姻质量与情绪表达、家庭功能的相关研究[J].现代预防医学,2016,43(23):4280-4284.

[35] 李艳红,申秀玲,李平,等. 日常生活活动能力、家庭功能对老年脑卒中患者抑郁状况的影响[J].中国老年学杂志,2016,36(10):2505-2506.

[36] 郭园丽,刘延锦. 社区脑卒中主要照顾者家庭功能与其抑郁情绪的相关性研究[J].中华护理杂志,2015,50(3):349-353.

[37] 陈佩玲,谢伦芳. 系统性红斑狼疮女性患者家庭功能与抑郁情绪的相关性分析[J].中华护理杂志,2013,48(2):133-135.

[38] 张兴祥,史九领,庄雅娟. 子女健康对父母劳动力供给的影响——基于CFPS数据的实证研究[J].经济学动态,2022(3):71-87.

[39] 杜凤莲,杨鑫尚. 子女升学对父母时间配置的影响[J].经济学动态,2021(8):81-100.

[40] Wilkinson K, Ball S, Mitchell SB, et al. The longitudinal relationship between child emotional disorder and parental mental health in the British Child and Adolescent Mental Health surveys

1999 and 2004[J]. J Affect Disord, 2021,288:58-67.

[41] 高月红,徐旭娟,丁雅琴,等. 父母对青少年抑郁症患者非自杀性自伤行为心理体验的质性研究[J].护理学杂志,2024,39(13):96-99.

[42] 曾灿,余超,蒲唯丹,等. 亲子疏离对青少年非自杀性自伤行为的影响：有调节的中介模型[J].中国临床心理学杂志,2024,32(3):498,566-570.

[43] 马莹,马涛,陈曼曼,等. 儿童青少年睡眠时间与社交焦虑的关联[J].中国学校卫生,2022,43(4):540-544.

[44] 鲁婷,江光荣,鲁艳桦,等. 自伤者不同情绪调节方式的调节效果比较[J].中国临床心理学杂志,2019,27(3):448-452.

[45] 李勇,黄越.青少年社交恐惧症状的可控性因素及干预措施研究进展[J].中国健康教育,2024,40(8):726-729,766.

[46] 俞国良.中国学生心理健康问题的检出率及其教育启示[J].清华大学教育研究,2022,43(4):20-32.

[47] 孙宏艳.影响青少年心理健康的因素及对策分析[J].人民论坛,2024(8):19-24.

[48] Galera C, Orri M, Vergunst F, et al. Developmental profiles of childhood attention-deficit/hyperactivity disorder and irritability: association with adolescent mental health, functional impairment, and suicidal outcomes[J]. J Child Psychol Psychiatry. 2020,62(2):232-243.

[49] Van Til K, McInnis MG, Cochran A. A comparative study of engagement in mobile and wearable health monitoring for bipolar disorder[J]. Bipolar Disord,2019,22(2):182-190.

[50] 李芸,汝涛涛,李丝雨,等. 环境光照对情绪的影响及其作用机制[J].心理科学进展,2022,30(2):389-405.

[51] 郭愿志,张承菊,尚云,等. 负性生活事件与大学生抑郁的关系：

参考文献

173

负性认知加工偏向和抑郁话题网络媒介接触的作用[J].中国健康心理学杂志,2024,32(9):1281-1285.

[52] McRae K, Gross JJ. Emotion regulation[J]. Emotion, 2020,20(1):1-9.

[53] 石佳欢,丁湘懿,洪明.爱你孤身走暗巷——从《孤勇者》的校园流行看小学生思想引领[J].少年儿童研究,2023(1):13-20.

[54] Judith S. Beck.认知行为疗法：基础与应用（原著第三版）[M]. 王建平,等译. 北京：中国轻工业出版社,2024.

[55] 吉焕彩,王欢. 放松式和激励式心理护理对肝硬化患者负性情绪及希望水平的影响[J]. 临床医学工程,2021,28(7):969-970.

[56] 廖艳华. "教育观念大讲堂"之十五 屏幕时代的亲子沟通:因爱而生,从规则而行[J].人民教育,2023(20):50-53.

[57] 2020年全国未成年人互联网使用情况研究报告[R/OL].（2021-07-20）[2024-09-16]. http://www.cnnic.net.cn/hlwfzyj/hlwxzbg/qsnbg/202107/P020210720571098696248.

[58] 李晓静,刘畅. 手机如何妨害青少年的睡眠？——基于全国数据的实证研究 [J]. 中国青年研究, 2023(7): 26-33.

[59] 何安明,惠秋平,齐原,等. 青少年手机使用状况及对其价值观的影响 [J]. 中国卫生事业管理, 2014, 31 (1): 62-66.

[60] 汪婷,许颖. 青少年手机依赖和健康危险行为、情绪问题的关系[J]. 中国青年政治学院学报, 2011, 30 (5): 41-45.

[61] 周天然,张海东. 互联网使用对青少年社会交往的影响[J]. 社会发展研究,2024,11(2):226-241,246.

[62] 温文香. 高中生父母积极教养校本课程的探索与实践[J]. 中小学心理健康教育,2024(24):22-26.

[63] 亓军,叶莹莹,周宵. 亲子关系对创伤后应激障碍与创伤后成长的影响:亲子沟通与自我表露的中介作用[J]. 中国临床心理学杂志,2024,32(4):717-722,729.

[64] 周楠,王少凡,朱曦淳,等. 中国儿童青少年手机使用与手机成瘾行为及相关因素分析[J]. 中国学校卫生,2022,43(8):1179-1184.

[65] 余文娟.接纳·共情·沟通——亲子沟通技巧议析[J].中小学德育,2023(1):60-63.

[66] 徐阳晨. 父母，如何叩开孩子的心扉？[N]. 中国妇女报, 2021-08-24 (008).

[67] 邢永康. 生存有道 教子有方[M].上海：复旦大学出版社, 2022.

[68] 北京市顺义区社区教育中心编著. 教子有方：中国传统家风家训教育读本[M]. 北京：华文出版社, 2017.

[69] 潘柳英. 正面管教：教子有方才是好家长[M]. 北京：台海出版社, 2019.

[70] 维尼老师. 顺应心理 孩子更合作[M]. 长沙：湖南文艺出版社, 2020.

[71] 孙建华. 家校共育与爱同行[M]. 长春：吉林文史出版社, 2022.